Shatirah Akib
Shixian Sun

Factores que influenciam a adoção de sistemas solares de aquecimento de água

Shatirah Akib
Shixian Sun

Factores que influenciam a adoção de sistemas solares de aquecimento de água

ScienciaScripts

Imprint

Any brand names and product names mentioned in this book are subject to trademark, brand or patent protection and are trademarks or registered trademarks of their respective holders. The use of brand names, product names, common names, trade names, product descriptions etc. even without a particular marking in this work is in no way to be construed to mean that such names may be regarded as unrestricted in respect of trademark and brand protection legislation and could thus be used by anyone.

Cover image: www.ingimage.com

This book is a translation from the original published under ISBN 978-620-2-31866-2.

Publisher:
Sciencia Scripts
is a trademark of
Dodo Books Indian Ocean Ltd. and OmniScriptum S.R.L publishing group

120 High Road, East Finchley, London, N2 9ED, United Kingdom
Str. Armeneasca 28/1, office 1, Chisinau MD-2012, Republic of Moldova, Europe
Printed at: see last page
ISBN: 978-620-7-90284-2

Resumo

A atenção global para as energias verdes ou renováveis aumentou em resultado da crescente degradação ambiental. Este facto desencadeou o desenvolvimento de novas inovações tecnológicas no sector da energia. A energia solar é um exemplo de uma nova inovação cuja adoção a nível mundial está a aumentar. No entanto, a utilização de energia solar em sistemas de aquecimento de água por agregados familiares é ainda reduzida, particularmente no Reino Unido. Por conseguinte, este estudo investiga os factores que influenciam a adoção de sistemas solares de aquecimento de água pelos agregados familiares no Reino Unido. O estudo adoptou uma metodologia qualitativa e utilizou dados qualitativos primários. Os dados foram recolhidos através de entrevistas em que foram seleccionadas vinte pessoas por amostragem intencional. Além disso, os dados foram analisados utilizando uma abordagem temática, que permitiu identificar padrões/temas nas respostas dos entrevistados. Os resultados indicam que existe uma falta geral de informação adequada sobre os benefícios a longo prazo da utilização da energia solar, o que contribui para uma baixa taxa de adesão. Além disso, as iniciativas governamentais, o elevado custo da energia e a crescente ênfase mundial nas energias renováveis são os principais factores que impulsionam a adoção da energia solar. No entanto, os elevados custos de instalação constituem um obstáculo importante.

Índice

1.0.Introdução

1.1 Antecedentes do estudo

A energia é um elemento essencial para o funcionamento da economia global. Todas as indústrias, independentemente das suas actividades, precisam de energia para funcionar. Além disso, Gichuhi (2016) observa que a procura global de energia deverá aumentar mais de 30% até 2035, sendo as economias emergentes, como a Índia e a China, e outros países do Médio Oriente responsáveis por quase 60% deste aumento. Consequentemente, Getchell (2013) argumenta que um dos principais desafios que as economias mundiais enfrentam atualmente é a forma de gerir a crescente procura de energia. O Relatório sobre a Economia Verde do PNUA (2011) também refere que o acesso à energia é um dos desafios que os governos nacionais e as comunidades globais enfrentam. Além disso, Greening & Azapagic (2014) argumentam que a utilização de tecnologias energéticas tradicionais em conjunto com os combustíveis fósseis contribuiu para o aquecimento global, que deverá ter consequências ambientais significativas.

Gichuhi (2016) afirma ainda que quase 1,3 mil milhões de pessoas no mundo não têm acesso à eletricidade e que cerca de 40% da população mundial depende do carvão vegetal, do carvão e da madeira para uso doméstico. Além disso, o PNUA (2011) refere que a utilização crescente de fontes de energia convencionais coloca grandes problemas de saúde, como a poluição do ar, a poluição da água, a secagem das fontes de água e a introdução crescente de materiais nocivos no ambiente. Hancock (2015) salienta ainda que o aumento da população mundial continua a exercer pressão sobre a energia, conduzindo a uma tendência para o aumento dos preços da energia e para o esgotamento de algumas fontes de energia.

Em 2012, as Nações Unidas lançaram uma iniciativa denominada "Energia Sustentável para Todos" para fazer face aos problemas energéticos mundiais. De acordo com o PNUA (2011), esta iniciativa tinha três objectivos principais: assegurar um acesso fácil às fontes de energia contemporâneas, duplicar a proporção de energias renováveis e reduzir o consumo mundial de energia em 14% (aumentar a eficiência energética). A este respeito, Getchell (2013) argumenta que a utilização de tecnologias de energias renováveis (RET) constitui uma solução significativa para alguns dos problemas energéticos, como o aumento da procura e a redução dos impactos negativos da utilização de energia no ambiente. Keriri (2013) observa que as fontes renováveis, que provêm da luz solar, do vento, das marés, da chuva e do calor geotérmico, representam 16% do consumo total de energia no mundo. A secção seguinte analisa a energia solar como um exemplo de energia renovável, que é o foco deste estudo.

1.2 Sistema de aquecimento solar de água no Reino Unido

De acordo com Gichuhi (2016), em 2005 existiam cerca de 82 200 sistemas domésticos de energias renováveis no Reino Unido, 95% dos quais eram aquecedores solares de água. No entanto, embora um típico aquecedor solar de água de tubo evacuado ou de placa plana possa oferecer quase 50% de água quente para uso doméstico, Gichuhi (2016) observa ainda que eles não são comuns na Grã-Bretanha em comparação com outros estados europeus. No entanto, GreenMacth (2018) afirma que, embora o Reino Unido não esteja no topo da lista de países que utilizam amplamente a energia solar para aquecer a água, um grande número de britânicos está a instalar painéis solares em casa.

Em 2018, o governo do Reino Unido vai lançar um dos maiores programas de energia verde do país. O programa, que tem por objetivo fornecer energia limpa, deverá beneficiar cerca de 800 000 agregados familiares com baixos rendimentos durante um período de cinco anos. Existe também um regime governamental, o Incentivo ao Calor Renovável (RHI), que recompensa as famílias que produzem calor a partir de fontes de energia renováveis, como o aquecimento solar da água. No entanto, este regime é aplicado na condição de o consumidor tornar a sua casa eficiente do ponto de vista energético. É semelhante ao regime citado pelo GreenMacth (2018),

Feed In Tariff (FiT), que é uma política governamental que permite aos agregados familiares venderem a energia excedente à rede nacional, permitindo-lhes recuperar lentamente os custos de instalação. Estes regimes têm por objetivo incentivar os agregados familiares a começar a utilizar a energia solar para satisfazer as suas necessidades de água quente, uma vez que o Reino Unido está atrasado em relação a muitos países europeus na utilização de sistemas solares de aquecimento de água. Estima-se que a utilização de sistemas solares de aquecimento de água no Reino Unido pode poupar entre 60 e 100 libras por ano nos custos de aquecimento das habitações.

1.3 Problema de investigação

O mundo está a evoluir gradualmente para a utilização de energias renováveis, com organismos internacionais como a ONU a proporem políticas de "energia sustentável para todos" (PNUA, 2011). Como já foi referido, esta mudança tem sido impulsionada por factores fundamentais: o aumento da população mundial, que exerce pressão sobre as fontes de energia, e os danos crescentes na biosfera, que conduzem a efeitos negativos como as alterações climáticas (Gichuhi, 2016). Por conseguinte, sendo uma fonte de energia renovável barata, a energia solar está a tornar-se popular em todo o mundo. No entanto, na região europeia, o Reino Unido está atrasado na adoção da energia solar, em especial dos sistemas solares de aquecimento de água. Isto apesar do facto de o aquecimento solar da água ser responsável por mais de 50% das necessidades de água quente dos agregados familiares do Reino Unido. No entanto, o governo britânico tem feito um esforço concertado para sensibilizar e encorajar a sua população, especialmente a que tem baixos rendimentos, a adotar sistemas solares de aquecimento de água, uma vez que a sua instalação é pouco dispendiosa e reduz os custos anuais de energia.

De acordo com a GreenMacth (2018), em 2017, registaram-se cerca de 709 000 novas instalações solares no Reino Unido. Além disso, prevê-se que quase 10 milhões de agregados familiares sejam alimentados por energia solar até 2020, o que significa que mais de 30% dos agregados familiares utilizarão energia solar. Por conseguinte, dado que o Reino Unido tinha a economia mais fraca da Europa no início de 2017 (Allen, 2017) e que o país também está atrasado na utilização da energia solar, torna-se interessante investigar os principais factores que apoiam (ou dificultam) a adoção do aquecimento solar de água pelos agregados familiares. Este estudo é também motivado pelo facto de, embora existam muitos estudos sobre a utilização da energia solar, haver muito pouca investigação sobre a utilização de sistemas solares de aquecimento de água no Reino Unido. O objetivo deste estudo é, portanto, preencher esta lacuna, examinando o que desencadeia ou dificulta a utilização de sistemas solares de aquecimento de água para uso doméstico.

1.4 Finalidade e objectivos da investigação

O objetivo deste projeto de investigação é investigar os factores que afectam ou influenciam a adoção de sistemas solares de água quente sanitária no Reino Unido.

Objectivos específicos

1. Examinar o grau de conhecimento e sensibilização para a energia solar entre os agregados familiares do Reino Unido e a forma como isso influencia a adoção da energia solar.

2. Estudar os factores que incentivam a adoção da energia solar para o aquecimento de água doméstica no Reino Unido.

3. Investigar os obstáculos à adoção do aquecimento solar da água pelos agregados familiares do Reino Unido.

1.5 Importância do estudo

U ponsável pela realização deste estudo, os resultados fornecem uma visão útil dos factores que contribuem ou impedem os britânicos de adotar sistemas solares de aquecimento de água para uso doméstico. O estudo é importante pelas seguintes razões

Decisores políticos - como vimos, o governo do Reino Unido está a implementar algumas iniciativas-chave para encorajar os cidadãos a adotar a energia solar. Como tal, os resultados deste estudo revelam factores-chave que podem influenciar a futura definição de políticas em relação à utilização da energia, em particular da energia solar. Além disso, outros intervenientes no sector, como o PNUA, também beneficiam dos resultados do estudo, nomeadamente em termos de desenvolvimento de futuras iniciativas no domínio da energia.

I nvestidores no sector da energia e outras partes interessadas - O sector energético mundial tem muitas partes interessadas que tomam decisões importantes. Em particular, os investidores no sector da energia solar obtêm informações sobre as razões pelas quais as pessoas preferem ou evitam a energia solar. O feedback dos consumidores é crucial para as suas futuras decisões de investimento.

Investigação futura - como já foi referido, há pouca investigação sobre a adoção do aquecimento solar da água no Reino Unido. Por conseguinte, este estudo constitui uma boa plataforma e uma abertura para futuros investigadores nesta área. Por exemplo, a investigação futura poderia centrar-se no êxito das iniciativas do governo do Reino Unido para incentivar os seus cidadãos a adoptarem a energia solar.

1.6 Estrutura do estudo

O primeiro capítulo fornece informação de base, bem como os objectivos da investigação. O capítulo 2 faz uma revisão da literatura disponível sobre energia solar e sistemas solares de aquecimento de água. O terceiro capítulo é dedicado à metodologia, na qual são discutidos e justificados os métodos de investigação, os instrumentos e outras técnicas utilizadas no estudo. O quarto capítulo é dedicado à análise dos dados e à discussão dos mesmos em relação aos objectivos da investigação.

Finalmente, o capítulo cinco resume as principais conclusões e recomendações.

2.0 Revisão da literatura

Este capítulo avalia a literatura existente sobre energia solar e sistemas solares de aquecimento de água. Como tal, a revisão centra-se em questões como os sistemas de energia solar, as taxas de adoção e também avalia a teoria da difusão da inovação, que é utilizada para explicar os factores que influenciam os indivíduos na adoção de uma nova tecnologia ou inovação, como a tecnologia de aquecimento solar de água.

2.1 Sistemas de energia solar

Ng'eno (2014) define a energia solar como "energia eléctrica gerada pela conversão da luz solar em eletricidade, quer diretamente através de painéis fotovoltaicos (PV), quer indiretamente através de sistemas de energia solar concentrada (CSP)" (p.1). Os painéis fotovoltaicos são utilizados principalmente para alimentar aplicações de média dimensão, como casas fora da rede. Keriri (2013) observa que a tecnologia da energia solar se apresenta sob duas formas: os sistemas fotovoltaicos (PV), que geram eletricidade através da conversão da energia luminosa, e os sistemas solares térmicos (ST), que utilizam a energia térmica do sol. Esta última é utilizada principalmente para aquecer a água utilizada pelos agregados familiares para diversos fins, como a lavagem ou o banho.

No entanto, apesar dos seus grandes benefícios, Getchell (2013) observa que o aquecimento solar da água (SWH) é o menos conhecido em todo o mundo. Da mesma forma, Flaherty et al (2001) indicam que a energia solar é uma tecnologia madura de energias renováveis que está a ser impulsionada pelas políticas dos principais intervenientes no sector da energia, mas que a sua aceitação é muito baixa por ser considerada demasiado cara. Além disso, Timilsina et al (2000) observam que, embora a energia solar pareça atractiva a nível político ou nacional devido à sua contribuição para a conservação de energia, continua a ser impopular entre os agregados familiares individuais. No entanto, Gichuhi (2016) observa que os sistemas de energia solar são rentáveis em aplicações residenciais ou comerciais que utilizam grandes volumes de água quente, e são instalados para complementar os sistemas de aquecimento convencionais (como o gás) para garantir que a procura doméstica de água quente seja adequadamente satisfeita em todas as condições. No entanto, Ng'eno (2014) argumenta que a energia solar não tem sido implementada ao ritmo correto em muitos Estados, como o Reino Unido e os EUA, principalmente devido ao custo e à eficiência, mas isto não é verdade, uma vez que a energia solar é mais barata e, em alguns casos, particularmente para os sistemas solares de aquecimento de água, é mais eficiente, como observado por Hudon et al. (2012).

De acordo com Martinot, et al (2002), a principal política solar na frente internacional ao longo da última década tem sido a de mudar as estratégias de implementação da energia solar de uma forte dependência do financiamento dos doadores para abordagens mais baseadas no mercado que visam alcançar a recuperação total dos custos. Além disso, Bollinger & Gillingham (2012) observam que, para encorajar a adoção da energia solar, os serviços de utilidade pública e os governos poderiam incentivar o processo oferecendo bons preços pela energia solar gerada pelos agregados familiares (processo de recompra), minimizando assim o tempo necessário para recuperar os custos incorridos na aquisição e instalação do sistema de tecnologia solar. Além disso, Rebane & Barham (2011) observam que os agregados familiares também necessitam de informações importantes sobre a tecnologia solar, como o método de funcionamento, as descrições da tecnologia e o seu desempenho global em termos de benefícios ambientais e de poupança de energia.

2.2 Adoção de sistemas de energia solar

De acordo com Jacobs (2006), os painéis solares são uma fonte de energia importante e relativamente barata, sobretudo nos casos em que a ligação à rede eléctrica é dispendiosa, não está disponível ou é impraticável. No entanto, como o custo da energia solar continua a baixar, as pessoas estão a adotar cada vez mais a energia solar nas suas casas, mesmo quando a rede nacional está presente. Este aumento da adoção pode também ser atribuído àquilo a que Martin et al (2009) se referem como os atributos dos sistemas de energia solar, tais como a escalabilidade, a facilidade de utilização e a adaptação à evolução da procura.

Berger (2001) observa que os sistemas solares fotovoltaicos são considerados acessíveis para fins comerciais, mas incompatíveis com as prioridades individuais, pelo que a compatibilidade é vista como um critério fundamental para quem está disposto a pagar pela tecnologia solar fotovoltaica. A incompatibilidade pode resultar de prioridades diferentes, da falta de conhecimentos adequados sobre os benefícios da energia solar, ou mesmo da ignorância pura e simples. Por conseguinte, referindo-se a um estudo de Kaplan (1999), Ng'eno (2014) argumenta que a adoção de fontes de energia renováveis requer principalmente uma investigação aprofundada e consultas com as famílias, a fim de compreender a perceção e mesmo as prioridades de cada família.

Richter (2013) observa que existem muitos factores determinantes na adoção de novas tecnologias de energia solar, seja por razões económicas, políticas ou comerciais. Por exemplo, na União Europeia, as partes interessadas têm como objetivo aumentar a proporção de produção de energia renovável em mais de 15% até 2020 e reduzir as emissões de carbono em mais de 80% até 2050. Também no Reino Unido, o governo está a incentivar ativamente os agregados familiares a adoptarem a energia solar, que os ajudará a produzir eletricidade sem emissões de carbono. No âmbito desta iniciativa, o Governo britânico está a utilizar tarifas de aquisição (FIT) para promover a produção de eletricidade em pequena escala a nível doméstico.

No seu estudo, Caird et al (2008) referem que estudos anteriores concluíram que a maioria dos obstáculos à adoção de fontes de energia renováveis está relacionada com razões financeiras, problemas de instalação e conhecimentos gerais sobre fontes de energia renováveis. No entanto, os autores referem que não há provas de que a disponibilidade de informação ou a redução dos custos de instalação conduzam a um aumento dos níveis de adoção. Além disso, Bollinger e Gillingham (2012) referem que não é claro se o aumento da utilização de energias renováveis conduz a menores emissões de carbono devido ao efeito de ricochete. De acordo com Herring (2006), o efeito de ricochete refere-se a situações em que as pessoas desviam o que pouparam para actividades que emitem carbono, por exemplo, utilizando o dinheiro poupado em energia para comprar aparelhos de consumo intensivo de energia devido ao valor acrescentado percebido na vida de um indivíduo.

2.2.1 Teoria da difusão da inovação

De acordo com Rogers (2013), a difusão refere-se ao "processo pelo qual uma inovação é comunicada através de certos canais aos membros de um sistema social". No entanto, os membros desse sistema social podem interpretar e/ou aceitar a inovação de forma diferente. Gichuhi (2016) salienta que indivíduos diferentes podem perceber ou interpretar a mesma inovação de formas diferentes devido a características variáveis. A este respeito, Greenhalgh et al. (2004) argumentam que um dos atributos ou características comuns que os adoptantes procuram numa nova inovação tecnológica é a vantagem relativa dessa tecnologia, ou seja, a medida em que a nova inovação é percebida como sendo melhor do que a ideia existente. Por exemplo, no caso de um sistema de aquecimento solar de água, ou da energia solar em geral, os indivíduos podem procurar as vantagens relativas que tem sobre os métodos tradicionais de aquecimento de água ou outras utilizações domésticas. Greenhalgh et al (2004) referem ainda que as vantagens relativas são mais frequentemente expressas em termos económicos, como a poupança de custos. Além disso, a perceção de uma inovação por parte de um indivíduo é influenciada principalmente por factores sociais, como o prestígio e a satisfação do utilizador.

Gichuhi (2016) observa que, ao avaliar a difusão de uma inovação, a comunicação é muito importante. A comunicação refere-se ao processo pelo qual a informação é gerada e partilhada entre indivíduos ou grupos ou dentro de um sistema social. Nesse sentido, Njong & Johannes (2011) observam que o principal objetivo da comunicação é alcançar um entendimento comum entre as partes envolvidas. Bower & Christensen (2012) observam ainda que, na sociedade contemporânea, existem dois canais principais de comunicação: o intercâmbio interpessoal e os meios de comunicação de massas. Este último é visto como mais influente para convencer os indivíduos dentro de uma estrutura social a adotar uma nova inovação. No entanto, Gichuhi (2016) acredita que a adoção individual é influenciada pela dimensão temporal, que explica os processos pelos quais um indivíduo passa desde a primeira vez que a inovação lhe é comunicada até à adoção/rejeição. Esta dimensão temporal é também referida como o atraso ou a taxa de adoção da inovação, e difere de um indivíduo para outro.

Ao avaliar a teoria da difusão da inovação, nota-se que o sistema social em que um indivíduo opera desempenha um papel essencial na taxa de adoção pelos indivíduos. Nesse sentido, Rogers (2013) define o sistema social como "um conjunto de unidades interdependentes que estão engajadas na resolução conjunta de problemas para atingir um objetivo comum". Além disso, Gichuhi (2016) afirma que as unidades que compõem um sistema social diferem em termos de comportamentos, seja por homofilia (semelhanças) e/ou heterofilia (diferenças) em referência a questões importantes no sistema, como crenças sociais, educação, status social, papéis de género, entre outros. Idealmente, devido aos seus diferentes atributos pessoais, os indivíduos diferem na sua perceção e interpretação de diferentes aspectos societais que influenciam o seu comportamento, como é o caso do comportamento do consumidor. No entanto, Duan (2010) argumenta que a maioria dos adoptantes individuais são geralmente heterófilos, o que representa um desafio para os inovadores que devem aplicar uma única abordagem na sua tentativa de introduzir uma inovação. A este respeito, Bower e Christensen (2012) observam que, para difundir eficazmente uma inovação, as empresas ou os inovadores devem adaptar as suas estratégias de difusão aos contextos locais de um determinado sistema social.

Duan (2010) observa ainda que a diferença entre diferentes adoptantes é determinada por diferentes características comportamentais individuais no que diz respeito à capacidade de inovação e às estatísticas de distribuição correspondentes. O primeiro fator é semelhante ao que Gichuhi (2016) observou acima, nomeadamente que os aspectos ou sistemas societais moldam as características comportamentais dos indivíduos que, por sua vez, influenciam o seu comportamento de consumo, neste caso a adoção de inovação. O último fator de distribuição refere-se à facilidade de difusão de uma inovação num sistema social densamente povoado em comparação com uma unidade social escassamente povoada. Idealmente, se nos referirmos ao comportamento social dos indivíduos, é mais provável que uma inovação seja facilmente adoptada em unidades sociais com muitos membros. Além disso, Caird et al (2008) salientam que, devido a diferentes percepções, é possível que alguns indivíduos sejam influenciados por outros para adotar uma inovação. Além disso, questões como o estatuto social também podem influenciar um indivíduo dentro de uma unidade social a adotar a inovação, a fim de estar em pé de igualdade com os seus pares, ou mesmo para alcançar um estatuto social mais elevado. Outros factores que influenciam a adoção, tal como referido por Rogers (2013), são a complexidade, a experimentabilidade, a compatibilidade e a observabilidade.

Por último, Moore (2012) refere que existem dois tipos de adoptantes: os early adopters e os late adopters. Os "early adopters" são o grupo de utilizadores que procuram novos produtos com mais funcionalidades. Os "late adopters" compram a inovação/produto quando um segmento maior do mercado está familiarizado com a inovação/produto. Como tal, De Groot e Steg (2010) observam que os "late adopters" são cépticos e sensíveis ao preço. Regra geral, Richter (2013) observa que o processo de adoção de qualquer inovação começa lentamente até atingir a massa crítica, após o que se torna um mecanismo automático.

2.3 Vantagem relativa na adoção da energia solar

A energia solar é classificada como uma nova inovação tecnológica no sector da energia, uma vez que as economias mundiais procuram desenvolver tecnologias que garantam a preservação do ambiente. No entanto, existe há mais tempo do que a maioria das outras inovações no sector da energia (Bower & Christensen, 2012). No entanto, a sua taxa de adoção tem sido muito baixa na maioria das economias, como o Reino Unido. Por conseguinte, é necessário estudar a vantagem relativa da adoção da energia solar. Rogers e Prahalad (2009) definem a vantagem relativa como a medida em que uma determinada inovação é considerada melhor do que outras inovações que existiam anteriormente. Neste caso, a vantagem relativa é expressa em termos de rentabilidade económica, mas pode ser medida de diferentes formas, nomeadamente em termos sociais.

Rogers e Prahalad (2009) afirmam ainda que, do ponto de vista do indivíduo, a vantagem relativa refere-se à sua perceção da capacidade de um fator tecnológico lhe proporcionar maiores benefícios. Essa perceção ou crença é o que determina a adoção da inovação pelos indivíduos. De acordo com Rogers (2013), as percepções dos indivíduos sobre estas características determinam a taxa de adoção de inovações específicas. A este respeito, Gichuhi (2016) argumenta que no processo de adoção de inovação, as empresas e os indivíduos tenderão a avaliar primeiro os benefícios que advêm da adoção de uma determinada inovação. Com referência à teoria da difusão, Rogers e Prahalad (2009) observam que, em termos de vantagem relativa, a difusão da inovação é comparada a um processo de redução da incerteza. Consequentemente, ao introduzir uma inovação, é necessário concentrar-se nos atributos da inovação que reduzem a incerteza na inovação.

Rogers (2013) observa ainda que, embora tenha havido uma grande quantidade de investigação sobre difusão, com um foco particular nas características dos adoptantes individuais, não tem havido investigação suficiente sobre a forma como essas características percebidas afectam a taxa de adoção de inovações. Consequentemente, Troncoso et al (2013) observam que as características percebidas das inovações são os principais preditores das taxas de adoção. No entanto, Rogers (2013) acrescenta que a taxa de adoção é influenciada por outros atributos, tais como canais de comunicação (interpessoais ou de massa), decisões de inovação (colectivas, individuais, voluntárias ou autoritárias), sistema social (interligação de redes ou normas) e agentes de mudança. Estes atributos podem aumentar a previsibilidade da taxa de adoção de inovações específicas. Por exemplo, Gichuhi (2016) observa que as inovações facultativas e pessoais têm geralmente uma taxa de adoção mais rápida do que as inovações que exigem decisões de inovação colectivas ou organizacionais.

Neste sentido, Troncoso et al (2013) defendem que, para acelerar a taxa de adoção e a eficácia da vantagem relativa, é necessário fornecer incentivos financeiros, directos ou indirectos, para encorajar os indivíduos de um sistema social a adotar uma inovação. Neste caso, Bower e Christensen (2012) referem que os incentivos são factores-chave que motivam as pessoas a adotar uma tecnologia nova ou disruptiva. Um bom exemplo disso são os incentivos fornecidos pelo governo do Reino Unido através das suas várias iniciativas, como o Incentivo ao Calor Renovável (RHI) e a Tarifa de Alimentação (FiT) (GreenMacth (2018)). Estes incentivos permitem aos utilizadores de energia solar recuperar os seus custos de instalação.

2.4 Sistemas solares de aquecimento de água

Getchell (2013) refere que o aquecimento solar de água é um exemplo de uma tecnologia de energia renovável, que pode ser descrita como uma inovação tecnológica no sector da energia que utiliza a energia térmica do sol para gerar eletricidade utilizada para aquecer água, seja para fins comerciais ou domésticos. Normalmente, os SWHs são instalados para complementar ou mesmo substituir os sistemas de aquecimento convencionais (a gás ou eléctricos) para garantir que as aplicações domésticas e/ou comerciais satisfazem a sua procura de água quente, independentemente das condições prevalecentes. De acordo com o Departamento de Energia dos EUA (2012), os sistemas solares de aquecimento de água podem cobrir entre 50% e 75% das necessidades domésticas de água quente. Consequentemente, a adoção de sistemas solares de aquecimento de água poderia levar a uma redução considerável da procura de gás natural e de eletricidade utilizados para aquecer a água pelos agregados familiares.

De acordo com Hudon et al (2012), os sistemas de aquecimento solar de água são muito eficientes em comparação com outras fontes de energia renováveis. Por exemplo, enquanto o SPV funciona com uma eficiência de 25% em termos de conversão, a tecnologia solar térmica funciona com uma eficiência de cerca de 40%. Em apoio a este facto, Wee et al (2012) salientam que a conversão da luz solar em calor resulta numa menor perda de energia do que a conversão da luz solar em eletricidade. No entanto, apesar do aumento da eficiência, Tsilingiridis & Martinopoulos (2010) observam que os sistemas solares de aquecimento de água não são suficientemente utilizados ou instalados em comparação com os sistemas fotovoltaicos em todo o mundo, particularmente no Reino Unido. Isto apesar do facto de o Reino Unido e outros países europeus terem feito grandes progressos na tecnologia da energia solar.

No seu estudo, Purohit & Michaelowa (2008) argumentam que, apesar da sua relativa eficiência e vantagem em termos de custos, os sistemas solares de aquecimento de água têm um nível de adoção relativamente baixo em todo o mundo. O autor também atribui esta baixa adoção à forma como o mercado da energia está estruturado, de modo que os clientes optam por não comprar os sistemas, principalmente devido à falta de informação relevante ou mesmo à incompatibilidade, tal como referido por Berger (2001). Moreveor, Pillai & Banerjee (2007) argumentam que, embora tenha havido muitas histórias de sucesso de sistemas solares de aquecimento de água em todo o mundo desde 1970, como nos EUA e em alguns países europeus, o aquecimento solar de água (SWH) teve, no entanto, uma história tumultuosa no Reino Unido. No entanto, graças às políticas e iniciativas governamentais, a utilização do aquecimento solar da água está a aumentar gradualmente no Reino Unido. No entanto, apesar de os governos estarem a implementar várias políticas e iniciativas, Getchell (2013) argumenta que estas iniciativas e políticas não serão sustentáveis se não forem eficazes na consecução do objetivo pretendido de aumentar a taxa de adoção.

2.5 Potencial dos sistemas solares de aquecimento de água

Getchell (2013) sugere que, ao avaliar a capacidade técnica dos sistemas solares de aquecimento de água, é necessário ter em conta vários factores, como a disponibilidade regional de telhados e a fração solar total. Denholm (2007) afirma que "a fração solar de um sistema de aquecimento solar de água depende da qualidade do recurso solar, das características técnicas dos sistemas individuais e dos padrões de utilização da água" (p.38). A disponibilidade regional do telhado inclui a dimensão mínima do telhado, a orientação do telhado, a capacidade de carga e o sombreamento. Por outro lado, Getchell (2013) refere que os factores não técnicos que devem ser considerados incluem a estética, as normas, a economia e os códigos de construção locais.

A avaliação do potencial da energia solar centra-se principalmente nas poupanças de energia efectuadas anualmente. Estas poupanças são também equiparadas a uma redução anual das emissões de carbono (Getchell, 2013). De acordo com Veeraboina & Ratnam (2012), as poupanças monetárias dos sistemas de aquecimento solar de água ascendem a mais de 8 mil milhões de dólares por ano em custos de energia a retalho. No entanto, Getchell (2013) acredita que esta medição ou avaliação deve ser "tomada com um grão de sal" (p.35), uma vez que os preços do gás natural, que é normalmente utilizado para aquecer água em muitos lares, têm permanecido relativamente baixos.

Além disso, ao avaliar o potencial da energia solar, é necessário ter em conta os aspectos económicos e ambientais. A este respeito, Verbruggen et al (2010) estimam que as poupanças ambientais resultam de uma redução significativa da utilização de combustíveis fósseis como fonte de energia. Por outro lado, os benefícios económicos podem ser vistos no lado da oferta e da procura da indústria de aquecimento solar de água. Consequentemente, a adoção generalizada da energia solar resultará em poupanças de custos significativas para os consumidores e estimulará significativamente o mercado no sector da oferta.

3.0 Metodologia

3.1 Introdução

De acordo com Marczyk et al (2010), o capítulo sobre a metodologia é muito importante para o sucesso da investigação científica. Este capítulo fornece uma análise detalhada dos métodos, procedimentos e instrumentos utilizados para recolher, analisar e apresentar os resultados da investigação. Assim, este capítulo abrange a conceção do estudo, a estratégia de investigação, os instrumentos utilizados para recolher os dados, os métodos de análise dos dados, as preocupações éticas do estudo e os limites da investigação.

3.2 Metodologia de investigação

De acordo com Saunders et al (2016), existem três tipos de metodologia de investigação: métodos quantitativos, qualitativos e mistos. O tipo de método de investigação adotado num estudo é influenciado pelos dados recolhidos e utilizados, bem como pelos métodos utilizados para recolher os dados. A metodologia quantitativa implica a utilização de métodos quantitativos para recolher e analisar dados, enquanto a metodologia qualitativa utiliza tanto dados qualitativos como métodos qualitativos. A metodologia mista implica a combinação de aspectos dos métodos qualitativos e quantitativos. Este estudo utiliza dados qualitativos recolhidos através de entrevistas. A metodologia qualitativa foi, por conseguinte, a mais adequada.

3.3 Conceção da investigação

May (2011) observa que é essencial que o investigador defina claramente o procedimento a seguir no estudo, em particular aquando da recolha e análise de dados. Os investigadores utilizam diferentes desenhos de investigação para realizar os seus estudos: exploratório, descritivo, experimental, de ação, etc. No entanto, Kumar (2010) afirma que a natureza do estudo (em termos de questões ou objectivos a atingir) determina a escolha do modelo. Por conseguinte, o investigador deve indicar de forma explícita e precisa os objectivos da investigação em termos da sua finalidade.

Este estudo procura descobrir os factores determinantes da taxa de adoção de sistemas solares de aquecimento de água no Reino Unido. Por conseguinte, de acordo com os objectivos da investigação, o desenho descritivo foi considerado o mais adequado para este estudo. De acordo com Gliner et al (2009), a conceção descritiva da investigação permite responder a questões de investigação relacionadas com o quê, quem, como ou onde. Assim, de acordo com esta afirmação, este modelo era adequado para este estudo, uma vez que os objectivos da investigação (que são apresentados como uma simples declaração) podem ser convertidos em perguntas "o quê" e "como". Por exemplo, em forma de pergunta, o primeiro objetivo seria o seguinte "Como é que o conhecimento e a sensibilização para a energia solar no Reino Unido influenciam a adoção da energia solar?" Os outros dois objectivos centrar-se-iam nos factores que incentivam ou dificultam a adoção da energia solar.

Além disso, Gliner et al (2009) argumentam que o modelo descritivo é principalmente aplicável à recolha de dados/informações relacionados com o estado atual de um determinado fenómeno que requer uma descrição explícita. Com referência a este argumento, o presente estudo centra-se num problema importante da atualidade que tem atraído a atenção de várias partes interessadas a nível mundial. Este estudo é realizado numa altura em que existe um interesse crescente na utilização de energias renováveis para minimizar a poluição da biosfera. Por conseguinte, ao utilizar um modelo descritivo, o investigador conseguiu descrever explicitamente as variáveis relevantes neste estudo.

Além disso, Saunders et al (2012) referem que uma das vantagens da conceção descritiva é o facto de impedir o investigador de alterar as variáveis do estudo após a análise. Consequentemente, a apresentação dos resultados baseia-se no resultado da análise. Consequentemente, a objetividade é mantida no estudo, fornecendo resultados, conclusões e recomendações sobre os quais outros investigadores e partes interessadas se podem basear.

3.4 Filosofia de investigação

De acordo com Bajpai (2011), a filosofia de investigação envolve a identificação da fonte de conhecimento e a forma como esse conhecimento será desenvolvido num estudo de investigação. Trata-se simplesmente de uma crença sobre os dados a recolher e a analisar. De acordo com Dudovskiy (2017), a filosofia de investigação diz respeito à criação de conhecimentos e, por conseguinte, no processo de realização de um projeto de investigação ou de uma tese, a pessoa está envolvida no processo de criação de conhecimentos ao responder às questões de investigação. Além disso, Saunder et al (2012) referem que abordar a filosofia de investigação na investigação é estar consciente das crenças e dos pressupostos a fazer no processo de realização do estudo.

Existem quatro tipos de filosofia de investigação: pragmatismo, realismo, interpretativismo e positivismo. De acordo com Bajpai (2011), a escolha da filosofia de investigação é determinada pelas implicações práticas do estudo, ou seja, pelas diferenças fundamentais presentes em diferentes estudos. No entanto, os tipos mais comuns de filosofia de investigação são o interpretativismo e o positivismo. A principal diferença entre estas duas filosofias é a natureza das medidas utilizadas. Enquanto o positivismo implica a utilização de medidas quantitativas, o interpretativismo utiliza medidas qualitativas. Tendo em conta o que precede, este estudo utiliza dados qualitativos, o que significa que foram efectuadas medições qualitativas. Por conseguinte, foi adoptada a filosofia do interpretativismo.

De acordo com Goldkuhl (2012), o interpretativismo envolve a utilização de métodos qualitativos humanistas, como a observação ou entrevistas não estruturadas. Isto significa que, para compreender o comportamento dos seres humanos, o investigador deve alcançar uma compreensão empática, ou seja, ver o mundo ou o ambiente do ponto de vista dos participantes. Esta filosofia aplica-se a este estudo, que utiliza entrevistas para compreender por que razão os agregados familiares do Reino Unido adoptam ou não sistemas de aquecimento solar de água. Além disso, Creswell (2013) considera que a filosofia da interpretação é muito útil para obter uma compreensão aprofundada da vida dos participantes, que é o objetivo deste estudo em relação à adoção de sistemas solares de aquecimento de água.

3.5 Estratégia de investigação

Bryman e Bell (2011) referem que uma estratégia de investigação se refere ao plano que o investigador utiliza para recolher dados. Uma estratégia de investigação é influenciada principalmente por dois factores: o tipo de dados e a natureza das variáveis. De acordo com May (2011), o tipo de dados (primários ou secundários) influencia grandemente o tipo de estratégia a utilizar. Isto significa que o investigador deve ter em conta o tipo de dados a utilizar para atingir os objectivos da investigação. Uma vez que este estudo utiliza dados primários, foi seguida a estratégia adequada para dados primários. De acordo com Bryman e Bell (2011), os dados primários podem ser recolhidos através dos seguintes meios: observação, estudos de caso, questionários/inquéritos ou entrevistas. Por conseguinte, tal como referido anteriormente, foram utilizadas entrevistas para recolher dados para este estudo.

3.6 Contexto da investigação

Também conhecido como população de investigação, o contexto de investigação define a área ou localidade em que o estudo será efectuado. É a área em que se encontram os inquiridos. Como sugerido pelo tema da investigação, o contexto para este estudo é o Reino Unido, em particular os agregados familiares que se espera que forneçam dados sobre os factores que influenciam a adoção de sistemas solares de aquecimento de água. A escolha deste contexto foi motivada por dois factores fundamentais: em primeiro lugar, o Reino Unido, apesar de ser uma grande economia da UE, está atrasado em termos de adoção de sistemas solares de aquecimento de água. A segunda razão é que, para aumentar a utilização de sistemas solares de aquecimento de água, o governo do Reino Unido implementou um programa ambicioso que dará a mais de 800 000 famílias acesso a energia limpa. O Incentivo ao Calor Renovável (RHI) também tem como objetivo encorajar as famílias do Reino Unido a optar pela produção de energia renovável GreenMacth (2018). Por conseguinte, é interessante saber quais os factores que incentivam ou desencorajam os britânicos a adotar sistemas de aquecimento solar de água.

3.7 Amostra e método de amostragem

Uma vez identificada a população do estudo, o passo seguinte consistiu em determinar a dimensão da amostra e o método a utilizar para selecionar os inquiridos. De acordo com o objetivo do estudo, era importante para o investigador visar e identificar as pessoas certas que forneceriam os dados necessários sobre a utilização do sistema solar. Assim, tendo em conta vários factores, como o método de recolha e análise de dados, o tempo e outros recursos disponíveis, foram entrevistadas vinte pessoas. Como os dados foram recolhidos através de entrevistas, os entrevistados foram seleccionados por amostragem intencional. De acordo com Alvi (2016), a amostragem intencional é um método não probabilístico em que o investigador utiliza o conhecimento e o discernimento para selecionar os membros da amostra. Neste caso, o investigador teve de sair para a rua para encontrar os entrevistados. Algumas entrevistas foram efectuadas na rua, em centros comerciais, em locais de lazer e em escolas. O objetivo da seleção era identificar as pessoas que possuíam casa própria ou apartamentos arrendados. A maioria destas pessoas pertencia à classe trabalhadora e tinha mais de 30 anos. Por conseguinte, o investigador teve de ser perspicaz para selecionar as pessoas certas do conjunto da população. A amostragem selectiva permite poupar tempo e dinheiro. No entanto, Levy & Lemeshow (2013) observam que este método de amostragem está sujeito a erros devido ao julgamento do investigador, que pode ser tendencioso.

4.0 Análise dos dados e discussão dos resultados

4.1 Introdução

Este capítulo apresenta a análise dos dados e a discussão dos resultados de acordo com a finalidade e os objectivos do projeto de investigação. Tal como indicado no capítulo anterior, a análise dos dados foi efectuada através da análise de conteúdo temática. Tal como referido por Vaismoradi et al (2013), não existe uma técnica específica ou globalmente aceite para gerar conclusões na investigação qualitativa. No entanto, pode ser utilizada uma variedade de técnicas para destacar padrões, temas ou relações nas respostas dadas pela população da amostra. Neste estudo, a técnica utilizada foi a procura de palavras e frases repetidas. Esta técnica consiste em procurar nos dados as palavras/frases habitualmente utilizadas pelos inquiridos. Com esta abordagem, foi possível identificar temas-chave (factores principais) em relação ao problema de investigação. Além disso, por uma questão de objetividade, a análise e a discussão foram orientadas pelos objectivos da investigação.

4.2 Conhecimento e sensibilização para os sistemas solares de aquecimento de água

Ao estabelecer este objetivo, o investigador procurou compreender em que medida o nível de conhecimento e sensibilização afecta a adoção da tecnologia solar nos agregados familiares do Reino Unido, em particular os sistemas solares de aquecimento de água. Tal como referido no primeiro capítulo, a adoção da tecnologia solar é baixa no Reino Unido em comparação com outros países europeus. Este cenário motivou a inclusão deste objetivo, uma vez que é possível que a baixa adesão resulte de um conhecimento ou sensibilização insuficiente ou inexistente dos agregados familiares para a utilização de sistemas solares de aquecimento de água. É também possível que alguns agregados familiares do Reino Unido não compreendam as vantagens da energia solar em relação a outras fontes de energia, nomeadamente as convencionais. O governo do Reino Unido tem vários programas: o Programa de Energia Verde, que visa equipar mais de 800 000 agregados familiares de baixos rendimentos com energia renovável, e o programa RHI (Renewable Heat Incentive), que recompensa os agregados familiares pela produção de energia renovável (GreenMacth, 2018); seria interessante compreender o nível de conhecimento e sensibilização dos inquiridos.

Para tal, foi feita aos inquiridos uma série de perguntas que poderiam explicar o seu nível de conhecimento e/ou sensibilização, tais como se alguma vez tinham utilizado energia solar em casa, se alguma vez tinham visitado uma casa que utilizasse energia solar, se tinham recebido educação/formação sobre sistemas de aquecimento solar de água, quer fisicamente quer através dos meios de comunicação social, se alguma vez tinham utilizado água quente aquecida com energia solar e o que utilizavam em casa para aquecer água.

Para começar, o investigador queria saber o que os inquiridos preferiam como principal fonte de energia nas suas casas. Das respostas dadas, a maioria dos inquiridos indicou que a eletricidade era a sua escolha preferida para iluminação e aquecimento, mas que preferiam o gás para cozinhar. Quando lhes foi pedido que justificassem a sua escolha, o inquirido D disse: *"Utilizo a eletricidade porque acho que é conveniente e rápida"*. Outro entrevistado (H) disse: "Utilizo *a eletricidade para aquecer a água porque é rápido e utilizo o gás para cozinhar porque é barato"*. No entanto, o entrevistado K deu uma resposta interessante: "*Uso eletricidade porque é o que tenho disponível". Esta é uma* prova que corrobora a afirmação de Tsilingiridis e Martinopoulos (2010) de que a adoção da energia solar é baixa no Reino Unido, apesar de o país ter uma longa história de energia solar. Isto também apoia o argumento da GreenMacth (2018) de que o Reino Unido também está a ficar para trás na utilização da energia solar para aquecimento de água. As respostas também apontam para um cenário em que as pessoas não têm os conhecimentos necessários sobre energia solar.

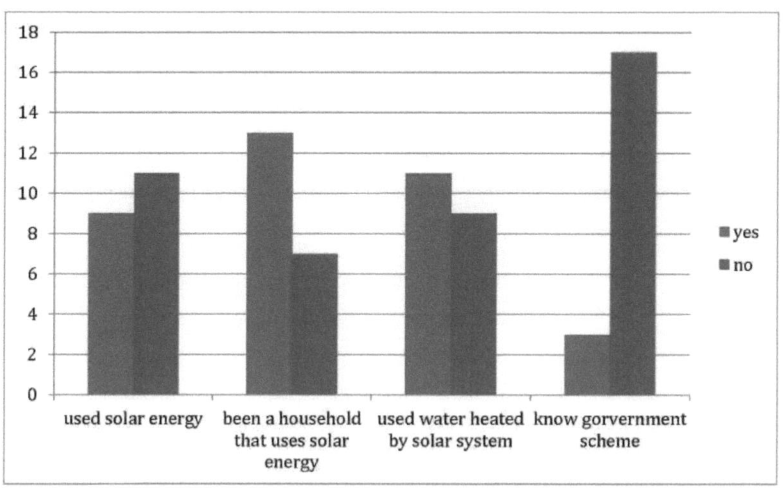

Figura 1: Dados da entrevista

O investigador também quis saber quantas pessoas tinham instalado sistemas de energia solar nas suas casas. Das 20 pessoas inquiridas, 9 afirmaram ter instalado um sistema solar em casa. Estas nove pessoas indicaram que eram proprietárias das suas casas e que, por isso, lhes era fácil instalar energia solar. No entanto, seis outras pessoas tinham casa própria mas não tinham instalado energia solar. Após um novo questionamento, a resposta comum foi o facto de considerarem a instalação do sistema dispendiosa, como se pode ver abaixo; Entrevistado A *"instalar um sistema de energia solar requer muito dinheiro e agora tenho muitos compromissos"*. Entrevistado J *"a instalação de um sistema de energia solar vai-me obrigar a meter a mão no bolso"*. "Outra razão apontada é o facto de a energia solar ser ineficiente ou pouco prática em tempo frio. O entrevistado M afirmou: "Considero *a energia solar inútil no inverno, uma vez que depende do calor solar"*. Outro entrevistado, B, referiu que *"aquecer água com energia solar durante o inverno pode ser frustrante devido à falta de luz solar"*. Os outros cinco inquiridos indicaram que, embora compreendessem a utilização da energia solar, não estavam satisfeitos.

No que diz respeito à eletricidade, não podem instalá-la em casa porque vivem em casas alugadas e, nesse caso, perguntam-se se os proprietários estão conscientes do problema.

O facto de um número significativo de inquiridos (6) ter indicado que não tinha instalado energia solar nas suas casas indica que muitos têm pouco ou nenhum conhecimento ou consciência dos benefícios que mais tarde compensariam os custos de instalação. Como salienta Gichuhi (2016), os sistemas de energia solar são rentáveis a longo prazo, particularmente para casas que consomem grandes quantidades de água quente. No entanto, este ponto de vista foi contestado por Bollinger & Gillingham (2012), que observaram que não é claro que a redução de custos leve a uma maior adoção da energia solar. Para o efeito, o investigador investigou se os inquiridos instalariam um sistema solar se o governo subsidiasse os custos de instalação. Enquanto 4 dos que possuíam uma casa mas não tinham instalado um sistema solar indicaram que o fariam, os outros dois rejeitaram a ideia dizendo que todo o sistema não era fiável devido às condições meteorológicas. O entrevistado G disse que *"a fiabilidade da energia solar está sujeita às condições meteorológicas, que não podem ser controladas pelo homem. Por isso, não vejo razão para a instalar em casa"*. Isto indica claramente que os entrevistados têm poucos conhecimentos sobre os benefícios da utilização de um sistema de aquecimento solar de água.

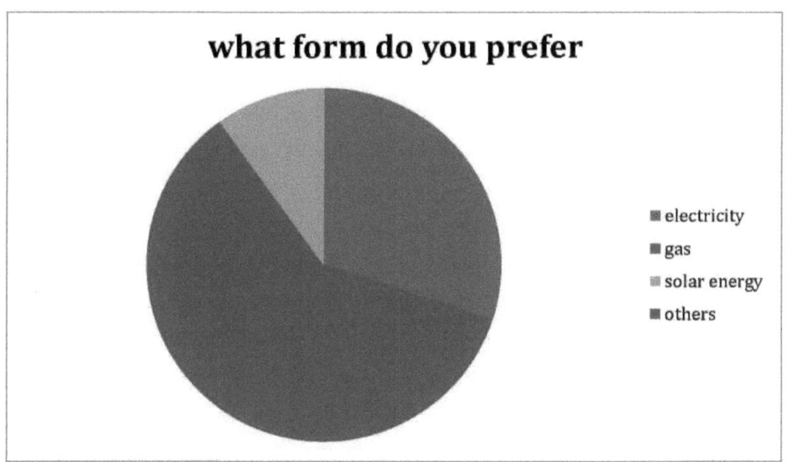

Figura 2 forma de energia

Além disso, quando lhes foi perguntado se tinham conhecimento de programas governamentais para incentivar os sistemas de energia solar, apenas onze indicaram que tinham conhecimento de tais programas. Um dos que nunca tinham ouvido falar de tais iniciativas (Entrevistado C) perguntou: *"Que programas? Para que é que eles servem?* As respostas indicam, portanto, que existem cenários mistos; embora a maioria das pessoas tenha conhecimento dos sistemas solares de aquecimento de água, algumas não compreendem os benefícios a longo prazo destes sistemas. Além disso, o governo precisa de fazer mais para educar as pessoas sobre os seus programas de incentivo à energia solar.

4.3 Factores que favorecem a adoção de sistemas solares de aquecimento de água

Embora a literatura disponível indique que a adoção de energia solar e, por extensão, de sistemas solares de aquecimento de água, é baixa no Reino Unido GreenMacth (2018), a taxa de adoção está a aumentar gradualmente. Isto pode ser atribuído a uma série de factores, como se descreve a seguir;

Intervenção do governo

Para incentivar os seus cidadãos a utilizarem a energia solar, nomeadamente para o aquecimento da água, o governo do Reino Unido lançou-se numa missão para aumentar a utilização da energia solar. O governo está a implementar dois programas: o programa de energia verde Brain (2018) e a iniciativa relativa ao calor renovável e à tarifa de aquisição (FiT) (GreenMacth, 2018). Através do Programa de Energia Verde, o objetivo do governo é proporcionar a quase um milhão de famílias do Reino Unido acesso a energia limpa nos próximos cinco anos. Como a energia solar é uma fonte de energia limpa, espera-se que seja a primeira a ser introduzida nos lares. A Iniciativa para o Calor Renovável recompensa os agregados familiares que utilizam energia solar. Do mesmo modo, o regime de tarifas de alimentação permite que os agregados familiares vendam a eletricidade excedentária à rede nacional. Graças a estes dois programas, as pessoas estão a adotar a energia solar porque sabem que vão recuperar os custos iniciais.

A energia verde no centro da atualidade mundial

Durante a última década, a comunidade internacional centrou-se na energia verde ou limpa como forma de melhorar o ambiente. Durante as entrevistas, o investigador procurou saber se os entrevistados compreendiam a ideia de energia verde. Os entrevistados concordaram que tinham observado a importância crescente da utilização de energia verde devido ao esgotamento contínuo de fontes de energia como as florestas. O entrevistado L, por exemplo, afirmou que *"sim, a questão da poluição ambiental é uma grande preocupação e penso que as pessoas estão a adotar cada vez mais a energia verde para preservar o ambiente".* O entrevistado S também defende o mesmo ponto de vista: *"é necessário que as pessoas promovam a conservação do ambiente e penso que a utilização de energias renováveis irá reduzir problemas como a poluição atmosférica".* Os seus argumentos são semelhantes aos de Greening & Azapagic (2014), que acreditam que as tecnologias energéticas tradicionais são uma das principais causas do aquecimento global. De igual modo, o PNUA (2011) concorda, afirmando que as fontes de energia convencionais têm sido os principais catalisadores da poluição do ar e da água, bem como da interferência nas fontes de água.

Dado que os efeitos negativos da poluição do ar e da água afectam toda a gente, as pessoas em diferentes países responderam positivamente aos apelos dos governos e dos organismos internacionais para adoptarem energias limpas. Por exemplo, as Nações Unidas estão a liderar uma iniciativa chamada "Energia Sustentável para Todos", enquanto o governo do Reino Unido lançou várias iniciativas para encorajar as pessoas a adoptarem energia verde, como a energia solar.

Procura crescente de energia

Com o aumento da população mundial e a industrialização das economias, a procura de energia continua a crescer. Esta procura tem aumentado a pressão sobre as fontes de energia convencionais, como a eletricidade. Como resultado, os governos e outros organismos internacionais têm-se concentrado na necessidade de encontrar fontes alternativas de energia para complementar as fontes tradicionais. Como observa Getchell (2013), a gestão da procura global é um dos principais desafios que o mundo enfrenta atualmente. O PNUA (2011) concorda, afirmando que o acesso à energia continua a ser um dos principais desafios que a maioria das economias enfrenta. Durante o processo de recolha de dados, alguns entrevistados observaram que as grandes economias, como o Reino Unido, a China, os EUA, o Japão e outras economias emergentes, estão a desenvolver-se a um ritmo acelerado, sendo a principal área de desenvolvimento a industrialização. Por exemplo, o entrevistado A afirmou que *"muitas indústrias no mundo são muito intensivas em energia, o que está a esgotar gradualmente alguns recursos naturais".* O inquirido E expressou sentimentos semelhantes: *"A utilização de energia está a aumentar todos os dias, colocando em risco e sob pressão as fontes de energia existentes".*

Consequentemente, este aumento da procura de energia levou as pessoas a procurar fontes de energia alternativas.

Aumento dos custos energéticos

Os inquiridos observaram que o custo da eletricidade aumentou rapidamente na última década. Este aumento deve-se principalmente à crescente procura de energia por parte das indústrias e dos agregados familiares. Esta observação é coerente com um artigo publicado por Josie (2017), Independent Business Editor, que refere que as facturas de energia no Reino Unido aumentaram a um ritmo recorde nos últimos três anos, apesar de os rendimentos das famílias se manterem constantes. Por exemplo, em 2014, o custo da eletricidade aumentou 9%. Além disso, um artigo publicado pelo The Telegraph (Ambrose, 2017) refere que, no Reino Unido, os preços da eletricidade e do gás atingiram o nível mais elevado dos últimos dez anos. Além disso, o The Guardian (Macalister, 2014) refere também que os preços da eletricidade no Reino Unido poderão duplicar nos próximos 20 anos. Em resposta a esta pergunta, os entrevistados manifestaram preocupação com o facto de os custos da energia continuarem a aumentar, apesar de não haver alterações nos seus salários. Na sua resposta, o entrevistado I afirmou que *"a minha conta de eletricidade tem aumentado ao longo dos anos"*. O entrevistado F disse: *"Vivo com a minha família nuclear de cinco pessoas, mas a eletricidade que pago é geralmente muito elevada"*. Outro entrevistado (P) referiu que *"a fatura da eletricidade da casa é muito elevada e parece aumentar todos os anos"*. Assim, a maioria dos inquiridos observou que as pessoas escolhem a energia solar porque é barata a longo prazo. Em particular, o entrevistado Q disse: *"Se eu fosse proprietário de uma casa, instalaria definitivamente a energia solar para evitar o elevado custo da eletricidade"*.

4.4 Obstáculos à adoção do aquecimento solar da água

Falta de informação necessária

Como diz o ditado, "informação/conhecimento é poder". Isto significa que, sem a informação necessária, é impossível realizar uma determinada tarefa. Como ficou patente na secção sobre conhecimento e sensibilização para os sistemas solares de aquecimento de água, há uma falta geral de conhecimento ou informação suficientes sobre a utilização da energia solar, particularmente para o aquecimento de água. Embora os inquiridos tenham indicado que conheciam a energia solar em geral, as respostas revelaram uma falta geral de conhecimentos sobre o aquecimento solar da água. Quando questionados sobre a frequência com que utilizam água quente nas suas casas, os inquiridos indicaram que a água quente é essencial nas casas, particularmente quando se trata de tomar banho. Por exemplo, o inquirido N disse: "Não *posso tomar banho com água fria, a água quente é essencial"*. Os inquiridos B, G, M e I expressaram sentimentos semelhantes. O inquirido N, em particular, disse *que "em minha casa, utilizamos água quente todos os dias, quer seja para beber, lavar a loiça ou tomar banho"*. Esta água é aquecida principalmente por eletricidade ou gás, apesar do seu custo elevado. Além disso, a maioria das pessoas entrevistadas nunca pensou em instalar a energia solar, que pode ser utilizada para aquecer a água, devido ao seu baixo custo. Por exemplo, o entrevistado K, proprietário de uma casa, afirma: "*Tenho uma casa, mas nunca me passou pela cabeça a ideia de ter um sistema de aquecimento solar.*

Das respostas dadas pelas pessoas interrogadas, ressalta uma tendência comum: a maioria não sabe ou não tem conhecimento da utilização da energia solar no sector da saúde.

Um entrevistado (J) referiu que "a instalação de um sistema de energia solar é cara" e que essa foi a razão pela qual não o instalou. Num caso, um entrevistado (J) referiu que *"a instalação de um sistema de energia solar é cara"* e que esta era a razão pela qual não o tinha instalado. Neste caso, a opinião geral é que os inquiridos não compreendem que, a longo prazo, a utilização de energia solar é mais rentável do que as fontes de energia convencionais, como a eletricidade, uma vez que só há um custo inicial envolvido.

Gichuhi (2016) apoia a adoção de sistemas de energia solar, afirmando que estes são rentáveis para aplicações domésticas e comerciais que consomem grandes volumes de água quente. Um conselho semelhante foi dado por Hudon, et al (2012), segundo o qual os sistemas solares de aquecimento de água são eficientes e mais baratos. Além disso, um número significativo de inquiridos não compreende ou não tem qualquer conhecimento dos esforços do governo para promover a adoção de energias verdes ou renováveis. Embora alguns tenham ouvido falar de iniciativas governamentais, não compreendem os aspectos operacionais. Consequentemente, não têm a informação de que necessitam para instalar sistemas de energia solar nas suas casas ou para aconselhar os seus amigos e familiares.

Custos de instalação elevados

Embora os sistemas de energia solar sejam eficientes e rentáveis a longo prazo, os inquiridos consideram que os elevados custos de instalação constituem um obstáculo importante à adoção de sistemas de aquecimento solar. Os inquiridos queixam-se de que a instalação de um sistema elétrico completo é dispendiosa e que a maioria dos cidadãos não tem capacidade para pagar todos os custos de uma só vez, dado o custo de vida. A este respeito, o entrevistado P disse: *"Não consigo cobrir os custos de instalação devido aos meus compromissos financeiros". Da* mesma forma, para o entrevistado J, *"a instalação de um sistema de energia solar é cara".* Este é um sentimento generalizado entre os entrevistados.

Este é o mesmo argumento apresentado por Caird et al (2008), segundo o qual as questões financeiras e de instalação constituem um dos obstáculos à adoção de fontes de energia renováveis. No entanto, várias iniciativas do governo britânico (Renewable Heat Incentive (RHI) e Feed In Tariff (FiT)) têm como objetivo ajudar os proprietários de casas a recuperar os custos de instalação. O objetivo destas iniciativas é incentivar as pessoas a adoptarem as energias renováveis, como a energia solar. No entanto, alguns autores, Bollinger & Gillingham (2012), contestam a ideia de que os baixos custos de instalação podem levar a uma maior adoção. Além disso, existe a questão do efeito de ricochete, tal como proposto por Herring (2006).

5.0 Conclusões e recomendações

A energia solar é uma das principais fontes de energia verde ou renovável. Com a crescente industrialização a provocar um aumento da poluição ambiental, os governos e outros organismos implementaram políticas e iniciativas para incentivar as pessoas a adoptarem a energia solar. Embora o Reino Unido seja uma das principais economias da região europeia, o país está a ficar para trás em termos de utilização da energia solar, especialmente para o aquecimento de água. Esta situação levou o governo britânico a lançar três iniciativas - o Programa de Energia Verde, o Incentivo ao Calor Renovável e as Tarifas de Alimentação - para promover a adoção e a utilização de energias renováveis. A utilização da energia solar está a ser incentivada em todo o mundo por duas razões principais: para reduzir a poluição ambiental causada pelas fontes de energia tradicionais e para satisfazer a procura crescente de energia devido ao crescimento da população e à industrialização.

Este estudo visava determinar os factores que influenciam a adoção de sistemas solares de aquecimento de água no Reino Unido para utilização em habitações para aquecer água e também em estabelecimentos comerciais que utilizam grandes volumes de água. O primeiro objetivo era investigar o conhecimento e/ou a sensibilização dos cidadãos britânicos para os sistemas solares de aquecimento de água. Os resultados mostram cenários mistos: por um lado, há aqueles que estão plenamente conscientes dos sistemas de energia solar e os instalaram nas suas casas; por outro lado, há outro grupo que, apesar de saber que a energia solar fornece energia, vê o seu conhecimento ficar por aí. Este último grupo não compreende os benefícios da utilização de sistemas solares de aquecimento de água.

O segundo objetivo era compreender os factores que incentivam a adoção de sistemas de aquecimento solar no Reino Unido. Um desses factores é a intervenção governamental. Neste caso, o governo do Reino Unido está a implementar várias iniciativas que deverão incentivar os cidadãos, em particular os proprietários de casas, a instalar energia solar nas suas casas. Este fator está intimamente ligado à crescente importância atribuída às energias renováveis à escala mundial, onde até organismos internacionais como as Nações Unidas se juntaram à campanha para a adoção de energias renováveis. Esta campanha global foi necessária devido à necessidade de resolver problemas ambientais crescentes, como a poluição. Assim, graças aos esforços de sensibilização destas organizações, alguns cidadãos adoptaram a energia solar. Além disso, a campanha também está a ser desencadeada pela crescente procura mundial de energia devido ao crescimento da população e à contínua industrialização. A adoção da energia solar é, portanto, vista como uma forma importante de garantir que todos tenham acesso à eletricidade. O aumento do custo da energia também levou algumas famílias a adotar a energia solar. Os custos elevados devem-se à elevada procura de energia, em particular de eletricidade, por parte das indústrias transformadoras. Consequentemente, com recursos financeiros limitados e um custo de vida elevado, alguns agregados familiares optaram por adotar a energia solar, que é rentável a longo prazo.

Por último, o terceiro objetivo era compreender os factores que limitam a aceitação da energia solar, em particular dos sistemas solares de aquecimento de água no Reino Unido. Um fator-chave identificado a partir dos resultados foi a falta de informação, conhecimento ou sensibilização. Esta situação é semelhante à observada no primeiro objetivo, em que um número significativo de pessoas não tem conhecimentos adequados, nomeadamente no que se refere aos benefícios a longo prazo da utilização da energia solar. Os resultados indicam que as pessoas só estão conscientes dos elevados custos de instalação, mas têm pouco conhecimento dos potenciais benefícios, como a redução dos custos de energia. Além disso, embora o governo tenha programas-chave em vigor, alguns cidadãos não os conhecem. Os elevados custos de instalação são outro obstáculo. Embora a energia solar seja rentável a longo prazo, é dispendioso instalar um sistema completo pelo qual se espera que os proprietários paguem o montante total de uma só vez. No entanto, o governo introduziu regimes para garantir que os proprietários que instalam energia solar nas suas casas recuperem os custos de instalação.

A conclusão é que a falta de conhecimentos adequados e o elevado custo da instalação são os principais factores que impedem a adoção de sistemas solares de aquecimento de água no Reino Unido pela maioria dos agregados familiares. Por outro lado, a intervenção do governo (através de subsídios), o aumento dos custos da energia e o interesse global pela energia verde são alguns dos principais factores que impulsionam a adoção da energia solar e de outras fontes de energia verde.

Recomendações

Com base nos resultados, é feita uma recomendação importante ao Governo do Reino Unido e a outros organismos relevantes no que respeita à sensibilização para a utilização da energia solar, em especial para o aquecimento de água em habitações e outros edifícios comerciais. Como foi revelado, existe uma falta geral de sensibilização e de informação adequada sobre os benefícios a longo prazo da utilização do sistema de energia solar. Por conseguinte, o governo deve criar programas de sensibilização em todo o país para sensibilizar e incentivar as pessoas a adoptarem a energia solar para as suas necessidades de aquecimento. Além disso, a fim de dissipar os receios gerais sobre os elevados custos de instalação, o governo deve também esclarecer o público sobre as várias iniciativas que estão a ser implementadas para incentivar as famílias a adotar a energia solar.

A realização desta investigação abre caminho para que futuros investigadores investiguem outras questões no âmbito deste estudo. É importante notar que a maioria dos estudos existentes sobre este tema se centra na energia solar em geral. Assim, com a orientação deste estudo, estudos futuros poderão centrar-se em áreas como a eficácia das iniciativas governamentais na promoção da adoção da energia solar no Reino Unido.

Referências

Allen, K., 2017. *Economia do Reino Unido cai para o fundo da tabela de crescimento da UE.* [Em linha] Disponível em: https://www.theguardian.com/business/2017/jun/08/uk-economy-falls-to-bottom-of-eu-growth-league [Acedido em 30 de março de 2018].

Alshenqeeti, H., 2014. A entrevista como método de recolha de dados: A Critical Review. *English Linguistics Research,* 3(1), pp. 39-45.

Alvi, M., 2016. Um manual para a seleção de técnicas de amostragem na investigação. *Arquivo pessoal RePEc de Munique.*

Ambrose, J., 2018. *Os preços da eletricidade atingem o valor mais alto dos últimos 10 anos com a diminuição da energia eólica barata.* [Online] Disponível em https://www.telegraph.co.uk/business/2018/03/02/electricity-prices-hit-10-year-high-cheap-wind-power-wanes/ [Acedido em 28 de março de 2018].

Bajpai, N., 2011. *Business Research Methods.* Índia ed. s.l.:Pearson Formação académica.

Berger, W., 2001. Catalisadores para a difusão fotovoltaica - uma revisão de programas seleccionados. *Advances in Photovoltaics: Research and Applications,* volume 9, pp. 145-160.

Bollinger, B. e Gillingham, K., 2012. Peer Effects in the Diffusion of Solar Photovoltaic Panels (Efeitos dos Pares na Difusão de Painéis Solares Fotovoltaicos). *Marketing Science,* Volume 31, pp. 900-912.

Bower, J. L. e Christensen, C. M., 2012. Distruptive technologies, catching the Wave (Tecnologias disruptivas, apanhando a onda). *Harvard Business Review,* 71(5), pp. 108-119.

Brain, M., 2018. *800 000 agregados familiares com baixos rendimentos no Reino Unido vão beneficiar de painéis solares gratuitos.* [Online] Disponível em https://www.engadget.com/2017/09/05/uk-low-income-

agregados familiares solares/
[Acedido em 30 de março de 2018].

Bryman, A. e Bell, E., 2011. *Business Research Methods*. 3ª ed. s.l.:Oxford: OUP.

Caird, S., Roy, R. e Herring, H., 2008. Improving the energy performance of UK households: Results from surveys of consumer adoption and use of low- and zero carbon technologies. *Energy Efficiency,* 1(2), pp. 149-166.

Creswell, J., 2009. *Research design: Qualitative, quantitative, and mixed method approaches.* REINO UNIDO: Sage Publications Inc.

De Groot, J. I., 2010. Morality and Nuclear Energy : Perceptions of Risks and Benefits, Personal Norms, and Willingness to Take Action Related to Nuclear Energy (Moralidade e Energia Nuclear: Percepções dos Riscos e Benefícios, Normas Pessoais e Vontade de Agir em Relação à Energia Nuclear). *Risk Analysis,* 30(9), pp. 1363-1373.

Denholm, P., 2007. *The Technical Potential of Solar Water Heating to Reduce Fossil Fuel Use and Greenhouse Gas Emissions in the United States,* s.l. (O potencial técnico *do aquecimento solar da água para reduzir a utilização de combustíveis fósseis e as emissões de gases com efeito de estufa nos Estados Unidos). (The Technical Potential of Solar Water Heating to Reduce Fossil Fuel Use and Greenhouse Gas Emissions in the United States:* Relatório Técnico: NREL/TP-640-41157.

Duan, H., 2010. A perspetiva pública da captura e armazenamento de carbono para a redução das emissões de CO_2 na China. *Política Energética,* 38(5), pp. 28-29.

Dudovskiy, J., 2017. *Filosofia da investigação.* [Online]
Disponível em https://research-methodology.net/research-philosophy/
[Acedido em 02 de abril de 2018].

Flaherty, F., Pinder, J. e Jackson, C., 2011. *Avaliação do desempenho de sistemas solares térmicos domésticos,* s.l. Relatório ETSU.

Getchell, M., 2013. *Investigating the Barriers to the Adoption of Solar Water Heating in Oregon,* s.l. Universidade do Estado do Oregon.

Gichuhi, R. M., 2016. *Adoção de tecnologia de energia solar a nível doméstico,* s.l. : Universidade Internacional dos Estados Unidos - África.

Gill, P., Stewart, K., Treasure, E. e Chadwick, B., 2008. Métodos de recolha de dados na investigação qualitativa: entrevistas e grupos de discussão. *British Dental Journal,* Volume 204, pp. 291-295.

Gliner, J. A., Morgan, G. A. e Leech, N. L., 2009. *Research methods in applied settings: An integrated approach to design and analysis, Second ed.* s.l.:Tayloy & Francis.

Goldkuhl, G., 2012. Pragmatismo vs interpretivismo na investigação qualitativa em sistemas de informação. *Revista Europeia de Sistemas de Informação,* 21(2), pp. 135146.

Greenhalgh, T. et al, 2004. Diffusion of innovations in service organizations. *Systematic review and recommendations,* 82(4), pp. 581-629.

Greening, B. e Azapagic, A., 2014. Aquecimento solar térmico doméstico de água: uma opção sustentável para o Reino Unido? *Renewable Energy,* Volume 63, pp. 23-36.

GreenMacth, 2018. *Qual a popularidade dos painéis solares no Reino Unido?* [Online].
Disponível em: https://www.greenmatch.co.uk/blog/2015/08/how-popular-are-solar-panels-in-the-uk [Acedido em 30 de março de 2018].

Hancock, K., 2015. Renewable energy in sub-Saharan Africa: Contributions from the social sciences. *Ciência Social dos Recursos Energéticos,* Volume 5, pp. 1-8.

Herring, H., 2006. Eficiência energética - uma perspetiva crítica. *Journal on*

Energy, Volume 31, pp. 10-20.

Hudon, K., Merrigan, T., Burch, J. e Maguire, J., 2012. *Roteiro de investigação e desenvolvimento do aquecimento solar de águas de baixo custo,* s.l. Laboratório Nacional de Energias Renováveis, Departamento de Energia dos EUA.

Jacobs, A., 2006. Connective Power: Solar Electrification and Social Change in Kenya". *World Development,* Volume 35, pp. 144-162.

Josie, C., 2017. *As facturas de energia do Reino Unido aumentam ao ritmo mais rápido desde 2014, revelam os dados.* [Online]

Disponível em https://www.independent.co.uk/news/business/news/uk-energy-bills-fastest-rate-since-2014-money-saving-consumer-electricity-british-gas-a7957971.html
[Acedido em 25 de março de 2018].

Keriri, I. K., 2013. *Factores que influenciam a adoção da tecnologia solar em Laikipia North Constituency, Quénia,* s.l.. Universidade de Nairobi.

Kumar, R., 2010. *Research Methodology: A Step-by-Step Guide for Beginners.* s.l.:SAGE.

Levy, P. e Lemeshow, S., 2013. *Sampling of Populations: Methods and Applications.* s.l.:John Wiley & Sons.

Macalister, T., 2014. *Os preços da eletricidade poderão duplicar nos próximos 20 anos, segundo a National Grid.* [Online].
Disponível em https://www.theguardian.com/environment/2014/iul/10/price-electricity-double-next-20-years-national-grid [Acedido em 18 de março de 2018].

Marczyk, G. R., DeMatteo, D. e Festinger, D., 2010. *Essentials of Research Design and Methodology.* s.l.:John Wiley & Sons.

Martin, E., Shaheen, S., Lipman, T. e Lidicker, J., 2009. Behavioral Response to Hydrogen Fuel Cell Vehicles and Refueling: Results of California Drive Clinics. *International Journal of Hydrogen and Energy,* Volume 34, pp. 86708680.

Martinot, E. et al, 2002. Renewable energy markets in developing countries (Mercados de energias renováveis nos países em desenvolvimento). *Relatório Anual,* volume 27, pp. 309-348.

Mauthne, M. L., Birch, M., Jessop, J. e Miller, T., 2002. *Ethics in Qualitative Research.* s.l.:SAGE.

May, T., 2011. *Social Research: Issues, Methods and Research.* s.l.:Open University Press.

Moore, G., 2012. *Crossing the chasm.* Nova Iorque: Harper Business Essentials.

Ng'eno, N. C., 2014. *Factores que afectam a adoção da energia solar para uso doméstico no Condado de Kajiado, Quénia,* s.l.. Universidade de Nairobi.

Njong, A. e Johannes, T., 2011. An Analysis of Domestic Cooking Energy Choice s inCameroon. *Revista Europeia de Ciências Sociais,* Volume 20, pp. 336-348.

Pillai, I. e Banerjee, R., 2007. Methodology for estimation of potential for solar water heating in a target area. *Solar Energy,* Volume 81, pp. 162-172.

Purohit, P. e Michaelowa, A., 2008. CDM potential of solar water heating systems in India [Potencial MDL dos sistemas solares de aquecimento de água na Índia]. *Solar Energy,* Volume 82, pp. 799-811.

Rebane, K. e Barham, B., 2011. Knowledge and Adoption of Solar Home Systems in Rural Nicaragua. *Política Energética,* Volume 39, pp. 3064-3075.

Richter, L.-L., 2013. *Social Effects in the Diffusion of Solar Photovoltaic Technology in the UK,* Universidade de Cambridge, Energy Policy Research Group: EPRG Working Paper 1332, Cambridge Working Paper in Economics 1357.

Rogers, E. M., 2013. *Diffusion of innovations (Difusão de inovações).* 5ª ed. Nova Iorque: Free Press.

Rogers, E. M. e Prahalad, C. K., 2009. *Diffusion of preventive Innovations [Difusão de inovações preventivas].* Nova Iorque: Free Press.

Saunders, M., Lewis, P. & Thornhill, A., 2016. *Métodos de investigação para estudantes de gestão.* 7ª ed. Londres: FT/Prentice.

Timilsina, R., Lefevre, T. e Shrestha, S., 2000. Financing solar thermal technologies under DSM programs; an innovative approach to promote renewable energy. *International Journal of Energy Research,* Volume 24, pp. 503-510.

Troncoso, K., Castillo, A., Masera, O. e Merino, L., 2013. Percepções sociais sobre uma inovação tecnológica para cozinhar a lenha: estudo de caso no México rural. *Política Energética,* 35(5), pp. 2799-810.

Tsilingiridis, G. e Martinopoulos, G., 2010. Trinta anos de utilização de sistemas solares domésticos de água quente na Grécia - benefícios energéticos e ambientais - perspectivas futuras. *Renewable Energy,* Volume 35, pp. 490-497.

PNUA, 2011. *Relatório sobre a economia verde,* s.l. s.l.: s.n.

Departamento de Energia dos EUA, 2012. *Estimar o custo e a eficiência energética de um aquecedor solar de água.* [Online] Disponível em: https://www.energy.gov/energysaver/articles/estimating-costand-energy-efficiency-solar-water-heater [Acedido em 2 de abril de 2018].

Vaismoradi, M., Turunen, H. e Bondas, T., 2013. Análise de conteúdo e análise temática: Implicações para a realização de um estudo descritivo qualitativo. *Enfermagem e Ciências da Saúde,* Volume 15, pp. 398-405.

Veeraboina, P. e Ratnam, G. Y., 2012. Análise das oportunidades e desafios dos sistemas de aquecimento solar de água (SWHS) na Índia: Estimativas dos inquéritos e revisões de auditoria energética. *Renewable and Sustainable Energy Reviews,* Volume 16, pp. 668-676.

Verbruggen, A. et al, 2010. Costs, potentials and barriers of renewable energies: Conceptual issues (Custos, potenciais e barreiras das energias renováveis: questões conceptuais). *Política Energética,* Volume 38, pp. 850-861.

Wee, H., Yang, W., Chou, C. e Padilan, M., 2012. Renewable energy supply chains, performance, application barriers, and strategies for further development. *Renewable and Sustainable Energy Reviews,* Volume 16, pp. 5451-5465.

Apêndice

Perguntas da entrevista

Objetivo 1: conhecimento e sensibilização

- Já utilizou energia solar em sua casa?
- Já alguma vez visitou uma casa que utiliza energia solar?
- Já utilizou água aquecida por um sistema solar?
- Que tipo de energia utiliza para aquecer a água em sua casa?
- Recebeu alguma vez formação sobre sistemas solares de aquecimento de água?
- Qual a forma de energia que prefere e porquê?
- Tem conhecimento de algum programa ou iniciativa governamental para promover a adoção da energia solar?

Assunto 2: Factores que favorecem a adoção da energia solar

- O que acha que incentiva as pessoas a adoptarem a energia solar?
- O que é que entende por energia verde ou renovável?
- Porque é que acha que as pessoas estão a optar pela energia verde?
- Com que frequência utiliza eletricidade em sua casa?
- Quais são as diferentes formas como tu e a tua família utilizam a energia?
- Com que frequência utiliza água quente e para que fim?

Objetivo 3: Factores que impedem a adoção da energia solar

- Na sua opinião, qual é a razão pela qual muitas famílias não têm ou não utilizam energia solar?
- Porque não instalou eletricidade em sua casa?
- Quais são as vantagens da energia solar?

I want morebooks!

Buy your books fast and straightforward online - at one of world's fastest growing online book stores! Environmentally sound due to Print-on-Demand technologies.

Buy your books online at
www.morebooks.shop

Compre os seus livros mais rápido e diretamente na internet, em uma das livrarias on-line com o maior crescimento no mundo! Produção que protege o meio ambiente através das tecnologias de impressão sob demanda.

Compre os seus livros on-line em
www.morebooks.shop

info@omniscriptum.com
www.omniscriptum.com

Printed by Books on Demand GmbH, Norderstedt / Germany